AF355888

HISTOIRE NATURELLE

DES ROCHES

DE TRAPPS.

« Je dis que quand deux fossiles présentent des
» différences notables, il ne faut pas s'abstenir de les
» distinguer et de leur donner des noms différens,
» sous le prétexte que l'on trouve des variétés inter-
» médiaires qui semblent les réunir, en paroissant
» appartenir également à l'un et à l'autre; sans quoi,
» je le répète, on ne distinguera plus de genres ni
» d'espèces; il n'y aura qu'un seul et même nom pour
» tout le règne minéral. Ainsi je distingue le *granit*
» du *porphyre*, le *porphyre* du *trapp*, celui-ci du
» *petrosilex*, etc., parce que les individus bien carac-
» térisés de ces différens genres sont évidemment dif-
» férens; et je ne m'embarrasse pas de ce qu'il y a
» des transitions ou des variétés intermédiaires dont
» je ne sais pas bien à quel genre les rapporter. »

De Saussure, *Voyage dans les Alpes*, tom. 4,
§ 1945, pag. 128.

HISTOIRE NATURELLE

DES

ROCHES DE TRAPPS,

CONSIDÉRÉE SOUS LES RAPPORTS
DE LA GÉOLOGIE ET DE LA MINÉRALOGIE.

PAR M. FAUJAS-DE-St.-FOND.

SECONDE ÉDITION,
ENTIÈREMENT REFONDUE.

A PARIS,

Chez G. DUFOUR et Cie., Libraires, rue des
Mathurins-Saint-Jacques, n°. 7.

DE L'IMPRIMERIE DE A. BELIN.
1813.

HISTOIRE NATURELLE

DES

ROCHES DE TRAPPS.

INTRODUCTION.

L'ouvrage de Scipion Breislak, qui a pour titre *Introduction à la Géologie, ou à l'histoire naturelle de la Terre*, est un de ces ouvrages propres à donner une heureuse impulsion à une science qui fixe dans ce moment l'attention d'un grand nombre de personnes instruites, et forme le sujet de leurs recherches et de leurs méditations.

Le célèbre géologue italien avoit toutes les connoissances acquises pour traiter des questions qui ne sont pas toujours d'un abord facile, et exigent des études préliminaires de plus d'un genre, et surtout l'examen attentif de ces hautes et antiques montagnes qui ont bravé tant de révolutions et présentent elles-mêmes un de leurs plus étonnans résultats.

C'est donc parce que l'auteur de l'introduction à la géologie a beaucoup vu par lui-même et qu'il possède bien son sujet, qu'il a usé d'une certaine sévérité de critique envers les anciens naturalistes qui se sont occupés des mêmes matières, mais qui n'avoient pas alors le même avantage que lui, puisqu'un grand nombre de découvertes n'étoient pas encore faites à cette époque; c'est parce qu'il a combattu avec la même énergie la plupart des géologues ses contemporains, lorsqu'il a jugé qu'ils entroient dans de fausses routes, qu'il voudra bien ne pas désapprouver qu'on use du même droit à son égard lorsqu'on croira qu'il est lui-même dans l'erreur; car si l'on passoit sous silence quelques-unes des assertions qu'il a avancées, et qui sont dans le cas d'être contestées, il arriveroit que loin de remplir le but honorable qu'il s'est proposé d'atteindre, celui de donner une meilleure direction à la science, sa grande et juste réputation ne pourroit qu'en retarder les progrès.

C'est sur le système de formation des roches trappéennes que je discuterai les opi-

nions de Breislak et que je les combattrai
avec la franchise et la décence qui convien-
nent à ceux qui sont véritablement animés
du désir de connoître la vérité.

Mais je dois dire ici, à mon désavantage,
que dans une matière qui a fait long-temps
l'objet de mes recherches et de mes études,
et qui a exigé des voyages en Allemagne,
en Italie, en Angleterre, en Ecosse, ainsi
que dans diverses parties de la France, pour
y observer en place les plus grands gisemens
de trapps, il faut que je me sois trompé, ou
que je ne me sois pas assez clairement énon-
cé, puisque malgré tous mes efforts, Breislak a renouvelé les mêmes objections qui
me furent faites en 1784 par le chevalier de
Lamanon, lorsque ce savant m'écrivit qu'il
venoit de reconnoître les restes d'un antique
volcan éteint dans les Alpes dauphinoises
du *Champsaur*, et que je lui répondis que
ce qu'il prenoit pour des laves, n'étoit qu'une
accumulation immense de trapps, s'élevant
à quinze cents soixante et douze toises de
hauteur, en l'assurant qu'il n'existoit aucune
trace de volcan dans toute l'étendue de la

grande chaine des Alpes. Il est à présumer que Breislak ignoroit que Lamanon, dans un ouvrage très-rare dont il n'existe que douze exemplaires, après avoir discuté et regardé comme insuffisans les caractères que j'avois établis pour distinguer les trapps des laves compactes basaltiques, finit par les adopter, reconnut son erreur et supprima l'édition entière de son livre, à l'exception de douze exemplaires; il voulut bien m'en destiner un comme *ayant contribué à lui faire reconnoître sa méprise* (ce sont ses expressions) (1).

_____

(1) Le livre de M. de Lamanon a pour titre : *Mémoire Litho-Géologique sur la vallée du Champsaur et la montagne de Drouvaire dans le haut Dauphiné; par M. le chevalier de Lamanon*, etc. *Paris, rue et hôtel Serpente*, 1784, *in-8°*. avec une carte très-bien faite, représentant la partie des Hautes-Alpes du *Champsaur*, au milieu de laquelle M. de Lamanon avoit cru reconnoître le prétendu volcan de *Drouvaire* (c'est le nom de la montagne de trapp) à 1572 toises d'élévation. On trouve à la page 71 de ce livre le premier mémoire que je fis sur les trapps à une époque où ce sujet n'avoit pas même été ébauché encore en France. J'y décrivis toutes les espèces et

J'ai publié depuis cette ancienne époque divers Mémoires sur les roches de trapps, et en dernier lieu j'ai consacré dans mes *Essais de Géologie*, tome 2, pag. 264, un chapitre sur les *roches de trapps*, à la suite de celui qui traite des *roches porphyritiques*. J'ai mis en parallèle ou plutôt en op-

les variétés de trapps de Suède et de Norwège que MM. les frères d'Elluyar, qui ont honoré l'école de Bergmann, avoient eu la bonté de m'apporter avec les indications les plus exactes des lieux ; je les comparai à dix autres espèces ou variétés des mêmes roches de la montagne de *Drouvaire* que m'avoit adressées M. de Lamanon lui-même, et je constatai leur identité avec les précédentes, en présence de MM. *Romé-de-l'Isle*, du chevalier de *Bournon*, *Hebenstreit* de Leypsick, *Groschke* de Rigo, *Siameling*, le marquis de *Castiglioni* de Milan, et de la *Métherie*. Dans une réunion de ces savans, faite chez moi, où le Mémoire fut lu et les substances minérales examinées avec l'attention la plus suivie ; M. de Lamanon ayant reçu ce Mémoire, l'imprima dans son livre et y répondit article par article, en établissant plutôt des doutes que des objections fondées. Enfin son ouvrage étant imprimé, il reconnut avec autant de franchise que d'amour pour la vérité l'excusable et petite erreur qu'il avoit commise et dont position les *trapps* avec les *laves compactes basaltiques*, pour établir de nouveau leurs caractères différentiels, afin d'éviter à ceux qui ne sont pas à portée d'observer la nature en place, l'erreur de confondre, ainsi que l'ont fait quelques auteurs, des substances minérales d'une nature si opposée.

---

il s'accusa avec une aimable naïveté, dans un carton imprimé qu'il fit intercaler à la fin de son livre, en annonçant que *la pierre de Drouvaire étoit un trapp, comme le pensoit M. Faujas-de-St.-Fond.* Il supprima l'édition et n'en conserva rigoureusement que douze exemplaires, dont il nous apprend lui-même la destination en ces termes : 2 *exemplaires pour la bibliothèque du Roi ;* 1 *pour celle de Sainte - Geneviève ;* 3 *pour MM. de Lierre, Ducros et Villard, qui ont été sur les lieux d'après mon annonce et qui ont combattu mon opinion ;* 1 *pour M. Faujas-de-Saint-Fond, qui a contribué à me faire reconnoître ma méprise ;* 1 *pour M. le comte de Salluces, président de l'Académie royale de Turin ;* 1 *pour M. Guettard ;* 1 *pour M. Desmarest ;* 2 *à ma disposition.* Cette notice, si honorable à la mémoire de Lamanon, pourra peut-être présenter quelqu'intérêt à ceux qui aiment à connoître les livres rares : celui-ci n'est indiqué dans aucun ouvrage de Bibliographie.

Breislak, à qui les trapps ne sont certainement pas inconnus, a eu le bon esprit .de ne pas les assimiler aux productions des volcans qu'il a si bien signalés dans ses savantes recherches sur la *Campanie* et sur la *Terre de Labour;* mais il a trouvé à redire aux caractères que j'ai établis et les a regardés comme insuffisans, non pour les géologues exercés, mais pour ceux à qui cette partie de la minéralogie ne seroit pas assez familière. Il n'y auroit certainement rien à objecter à Breislak s'il eut voulu prendre la peine de nous donner des caractères plus positifs et plus tranchans que ceux que j'ai établis moi-même, et que je regardois comme plus que suffisans, dans la comparaison respective de deux substances minérales qui n'ont que des rapports apparens et des différences si fortes et si sensibles; mais ce savant naturaliste en cherchant à affoiblir ou à rendre variables ces caractères, a évité de nous en donner de meilleurs, et a préféré de se livrer à une théorie sur la formation des trapps qui a déjà éprouvé de grandes oppositions, et permet de soupçon-

ner que Breislak a un peu moins l'habitude
pratique de ces dernières roches que des
autres substances minérales qu'il a été mieux
à portée d'examiner; car s'il eut suivi en
place les modifications diverses que ces
trapps ont éprouvées, et eut pesé sur l'identité de leurs analyses chimiques, il se seroit
aperçu que c'est sans raisons qu'on a formé
autant d'espèces, et créé autant de noms qu'il
y a de ces sortes de modifications, ce qui
n'a servi qu'à jeter une grande confusion
sur cette partie de la minéralogie, si difficile en apparence, mais en même temps si
susceptible d'être simplifiée lorsqu'on s'est
fortement appliqué à suivre la marche toujours grande mais toujours simple de la nature.

Il m'a donc paru nécessaire, afin d'être
mieux entendu de Breislak et de ceux qui
ne m'auroient pas suffisamment compris, de
revenir à nouveaux frais sur cet objet qui
semble retarder la marche de la géologie. Il
faut donc faire de nouveaux efforts pour
être plus clair et avoir le courage de recom-
mencer; mais je réclame le même courage

de la part de ceux qui daigneront me lire,
et auront assez de résignation pour suivre
avec moi des détails de faits nécessairement
arides et souvent très-minutieux ; de comparer des analyses faites à ma demande par
de très-célèbres chimistes; analyses qui présentent des résultats heureux, mais qui n'ont
rien de séduisans à la lecture; c'est donc
avec raison que j'ai besoin de l'attention et
surtout de la patience de ceux qui savent
que dans des matières, en général difficiles,
on ne sauroit arriver à la vérité qu'en par-
courant pas à pas et avec précaution des
sentiers qui ne sont pas encore entièrement
débarrassés d'épines.

CHAPITRE PREMIER.

Vues génerales sur les roches de Trapp.

DES TRAPPS HOMOGÈNES.

Je conserve toujours à ce genre de roche le nom de trapp (1) que lui ont donné les anciens naturalistes suédois, nos maîtres en minéralogie ; c'est un bien foible hommage que nous devons à la mémoire de Cronstedt et de Wallerius, qui nous ont fait les premiers connoître les trapps de Norwège, de Westrogotland et de tant d'autres parties de la Suède et des pays environnans. En conservant ce mot on peut faire abstraction, si l'on veut, de sa signification dans une langue étrangère : c'est un nom dont nous avons besoin, et puisque nous le trouvons déjà formé, ayons le bon esprit d'en faire usage.

___

(1) *Trapp*, en suédois, signifie *escalier*, parce que les montagnes qui en sont formées présentent souvent dans leurs dispositions stratiformes, des espèces de marches ou de gradins.

Conservons aussi par les mêmes motifs celui d'*amygdaloïde* que les mêmes minéralogistes ont employé pour désigner le trapp lorsqu'il renferme des globules de spath calcaire, de feld-spath, de quartz, de steatite, d'agates, de jaspe, de préhnite, de barite et autres substances minérales.

Cronstedt qui avoit le tact et le coup d'œil parfait, et une grande habitude des minéraux, avoit très-bien reconnu que la pâte des amygdaloïdes appartenoit à un véritable trapp (1); aussi ne manqua-t-il pas d'en former une espèce particulière ; je suivrai son exemple, qui est absolument conforme à la méthode naturelle, c'est-à-dire, à la marche que la nature nous trace elle-même dans l'ordre et la disposition des substances minérales, qui dérivant de l'action chimique, et des résultats des forces physiques, ne sauroient avoir eu lieu par des moyens trop compliqués ; c'est pourquoi la géologie ne

---

(1) Cronstedt, tom. 11, pag. 884 de l'excellente traduction anglaise, par Magellan. Londres, 1788, 2 vol. in-8°.

commencera à faire de véritables progrès
que lorsque ceux qui la cultivent dirigeront
tous leurs efforts vers les moyens les plus
propres à en simplifier l'étude, en la dé-
barrassant peu à peu des obstacles rebutans
qui détournent les bons esprits de s'y livrer
et d'en relever l'éclat.

Les trapps compactes, d'apparence homogène, sont des substances pierreuses plus ou
moins dures, mais inférieures en dureté aux
laves compactes basaltiques; la pâte des
trapps est d'une consistance plus douce au
toucher; elle est d'une plus grande finesse
que celle des laves compactes qui est âpre,
raboteuse, et fait sous les doitgs l'effet d'une
lime, et dont la poussière est d'un gris foncé
presque noir, tandis que celle des trapps
est presque blanche. La pâte des trapps est
légèrement écailleuse, et quelquefois granuleuse dans certaines variétés; dans d'autres
elle est mate, d'apparence homogène, fine,
mais en même temps dure, sans faire feu
néanmoins avec l'acier, si ce n'est dans quelques cas particuliers.

Sa couleur varie également depuis le noir

le plus intense jusqu'au noir le plus foible et passant au gris. On trouve aussi des trapps d'un noir-bleuâtre, d'un noir-rougeâtre, et d'un noir-jaunâtre, en raison des divers degrés d'oxidation du fer que renferment ces trapps; les modifications de leur principe colorant les fait même passer quelquefois à la couleur verdâtre et même à la couleur verte. L'action de l'air les décolore aussi dans certaines circonstances sans altérer leur dureté.

Le barreau aimanté agit sur les trapps, en général, lorsqu'ils n'ont point subi d'altération, fortement dans quelques variétés, foiblement dans d'autres, et nullement dans quelques cas particuliers.

Les roches trappéennes forment tantôt d'immenses stratifications qui se divisent en couches ou en lits plus ou moins épais, sujets eux-mêmes à éprouver des espèces de fissures longitudinales, et ensuite des verticales, produisant au pied de ces montagnes, lorsqu'elles sont escarpées, de vastes entassemens qui présentent le tableau d'une partie de montagne qui se seroit écroulée, ce qui

fit dire à Collini, lorsqu'il vit pour la première fois, en 1776, cette suite de roches
de trapps qui bordent les deux rives de la
Nahe, depuis *Marten-stein* jusqu'au delà
de *Kirn*, dans l'ancien Palatinat : « Que la
» pierre extérieure de ces montagnes, a été
» tellement décomposée et réduite en mor-
» ceaux plus ou moins grands par l'atmos-
» phère, que leur pente en est entièrement
» recouverte, au point qu'on croiroit que
» cette quantité de débris qui recouvrent
» leurs talus, et dont plusieurs sont natu-
» rellement équarris en forme de gros dez,
» est plutôt l'effet de l'art que celui de la
» nature (1). »

Il est bon d'observer que la manière dont
cette pierre se délite, et se réduit en fragmens à *Marten-stein* et à *Kirn*, diffère
totalement de la décomposition et de l'altération ordinaire de certaines roches schis-
teuses micacées, porphyritiques ou argi-
leuses qui tombent en *detritus*, et devien-

---

(1) Voyez Collini, *Voyage et Observations mi-
néralogiques*, pag. 83 et 84. Mayence, 1776, in-12, fig.

nent terreuses par la perte de leur eau de composition, ou par le relâchement des ressorts de leur force de cohésion.

Ici, au contraire, les trapps se divisent naturellement en fragmens, dont les cassures sont vives et anguleuses et se montrent quelquefois en solides d'une certaine régularité, disposés en parallélipipèdes, en rhomboïdes, en petits prismes, en cubes ou en espèces de tablettes d'une épaisseur égale, tandis que les masses qui ne sont point exposées à l'action de l'air restent presque toujours saines et entières.

On est très-étonné, sans doute, de ce mode particulier de disruption dans des pierres si solides et qui paroissent être d'une nature si homogène ; mais en les examinant de plus près et en observant avec attention les morceaux en apparence les plus réguliers, on reconnoît bientôt la cause qui donne lieu à ce mode de désagrégation.

Cette désunion des parties en tant de pièces diverses est due à l'oxidation particulière du fer contenu dans ces pierres, qui se manifeste par des lignes très-minces dont on

aperçoit à l'œil nu les ébauches sur les sur-
faces planes de plusieurs de ces trapps; ces
lignes, tantôt verticales, tantôt parallèles, et
quelquefois un peu inclinées, donnent lieu
aux divers solides dont j'ai fait mention, et
ceux-ci se détachent des masses, lorsque
l'oxidation plus avancée ayant pénétré par
ces lignes dans toute l'épaisseur des morceaux, a détruit les points de contact et la
force de cohésion qui les réunissoient.

J'ai fait couper et polir plusieurs morceaux où l'on voit d'une manière très-dis-
tincte cette marche singulière de la nature;
mais ce qu'il y a d'extraordinaire, c'est que
ces lignes qui ne montrent aucune indication
de pyrites, ni la moindre trace de cristallisation, ou de simple retrait, s'oxident d'a-
bord superficiellement, gagnent en longueur
et en profondeur, sans s'étendre en largeur,
soit qu'elles soient parallèles ou verticales, et
forment, lorsque l'oxidation est complète,
des solides triangulaires cubiques, rhomboï-
daux et quelquefois pentagones; ces derniers
sont extrêmement rares; je n'en ai jamais pu
rencontrer un seul qui fût hexagone, mais

tous les gisemens de trapps n'ont pas en général ces derniers caractères aussi remarquables ni aussi bien prononcés.

On voit les roches trappéennes s'élever en
montagnes, s'abaisser en collines, occuper
en général des espaces très-étendus, et se
rattacher très-souvent aux roches porphyritiques dont elles forment une sorte de dé-
pendance : ce qui doit nous étonner d'autant
moins que les élémens constitutifs des trapps
diffèrent très-peu en général de ceux des
véritables porphyres, et que le plus souvent
ils sont les mêmes, malgré que leurs apparences extérieures et leur physionomie,
qu'on veuille bien me passer cette expres-
sion, semble devoir les en séparer. J'espère
pouvoir démontrer ces rapports, non-seulement par les analyses les plus exactes, mais
à l'aide d'un procédé particulier très-simple,
au moyen duquel le trapp le plus compacte,
le plus noir et le plus homogène en apparence, laisse paroître à découvert les petits
cristaux plus ou moins réguliers de feld-
spath qui étoient entrés dans sa composition,
et qui s'y trouvoient masqués par la couleur

noire qui les déroboit à la vue; je ferai connoître ce procédé dans ce Mémoire.

En observant de grandes montagnes de
trapp, particulièrement celles que la chute
des torrens, ou d'autres causes qui tiennent
à des révolutions d'un plus grand ordre,
ont mis à nu en formant des escarpemens
qui permettent d'étudier leur structure intérieure, on voit ordinairement que le système
général de leur formation est disposé en couches plus ou moins épaisses, alternant tantôt avec d'autres lits beaucoup plus minces
et plus durs, tantôt avec d'autres couches
qui entrent en décomposition, et entre lesquelles on voit des parties saillantes et solides qui ont résisté, et forment des espèces
d'escaliers, de gradins ou de marches, qui
ont engagé les Suédois à leur appliquer le
nom de *trapp* (escalier); mais les parties
beaucoup plus tendres et qui ont même
quelquefois une sorte d'apparence argileuse,
sont le résultat de l'action de l'eau, de l'air,
de l'alternative du froid et de la chaleur, et
particulièrement de l'oxidation du fer qui a
détruit la force de cohésion.

D'autres fois des trapps amygdaloïdes, à
globules de spath calcaire, d'agates et autres
substances minérales, noyés dans une pâte
dans laquelle on distingue assez fréquemment de petits cristaux plus ou moins réguliers de feld-spath, succèdent à des trapps
durs, noirs ou bruns dont l'apparence est
homogène.

La contexture des trapps, leurs couleurs
diverses, et celles plus variables encore
des trapps amygdaloïdes, ont induit en erreur plusieurs minéralogistes, qui n'ayant
pas été à portée d'observer ces roches en
place en ont formé presqu'autant de pierres
différentes que ces trapps leur ont offert de
différences apparentes.

Cependant le géologue qui les a bien étu-
diés sur les lieux, ne peut reconnoître ici
qu'un seul et même système de formation
qui ne varie que par les mélanges plus ou
moins parfaits, par telle ou telle substance
prédominante, par des précipitations plus ou
moins lentes, ou d'autres fois plus promptes
ou plus tumultueuses, qui dans ces derniers
cas ont arrêté ou dérangé la sphère d'activité

de leurs molécules. Nous reviendrons encore sur ce sujet.

Que ceux qui n'ont pas suivi pas à pas la marche de la nature dans la structure et la disposition des montagnes de trapps, ne se pressent pas de prononcer que les couches ou dépôts les plus tendres et souvent d'un aspect terreux qui alternent avec les trapps durs, ou avec les trapps amygdaloïdes, diffèrent de nature et ne sont que des *horn-blendes* altérées, des schistes argileux ou d'autres terres étrangères aux roches de trapps. Ils s'exposeroient par-là à commettre une erreur qui, jusqu'à présent, n'a été que trop nuisible à la science, par les embarras et la confusion que cette multitude et cette surcharge de noms différens pour désigner des substances minérales qui sont géologiquement et chimiquement les mêmes, y ont apportés.

Mais la chimie est heureusement là avec tous les perfectionnemens dont elle s'est enrichie, et elle nous prouve que les inductions qu'on a tirées d'après des apparences extérieures sont trompeuses, puisque les analyses les plus exactes nous font voir, et nous en donnerons des exemples, que les trapps les plus durs, ceux qui sont tendres et friables, ceux à contexture écailleuse, ou granuleuse, ou compacte, ou de l'aspect le plus homogène, quelle que soit leur couleur, fournissent les mêmes produits, et qu'ils contiennent tous la *soude* et la *potasse*, si ce n'est lorsque leur altération est trop avancée ; car, dans ce cas, l'extrême division de leurs molécules permet aux eaux de pluie de leur enlever à la longue ce principe salin, et l'on sait qu'il en est de même de certains *kaolins*.

C'est ainsi qu'en comparant les grands gisemens de trapps de la montagne de *Drouvaire* dans les Haultes-Alpes de l'ancien Dauphiné ; ceux non moins remarquables de la montagne de l'*Esterelle*, non loin de *Frejus* ; les trapps de *Martein-stein* et ceux de *Kirn*, dans l'ancien Palatinat ; ceux des environs de *Hesse-Darmstadt*, de *Doodd-mill*, de *Channel-kirk-inn* en Ecosse, entre *Tirleston* et *Edinburgh*, ceux du *Derbyshire*, si remarquables par leur position, et tant d'autres qu'il seroit beaucoup

trop long de désigner ici; on est véritablement étonné des rapports de similitudes et
d'identités qu'ils présentent entre eux, dans
leurs formes, dans leurs couleurs, dans leurs
grains, dans leurs divers degrés de dureté,
ainsi que dans leurs principes constitutifs;
quoique ces diverses formations trappéennes
soient situées à de très-grandes distances les
unes des autres.

D'après de semblables analogies peut-on
raisonnablement révoquer en doute que,
dans la structure lithologique de notre globe,
les roches de trapps n'appartiennent à un
système particulier de composition qui leur
est propre, et qu'il est utile et convenable
de circonscrire et de grouper, même miné-
ralogiquement, afin d'éviter toute confusion
et d'étudier avec ordre et méthode les modifications que ces roches présentent; sauf à
les considérer ensuite géologiquement relati-
vement aux causes qui ont déterminé leur
rapprochement et leur rapport avec les véritables porphyres.

CHAPITRE II.

Des Trapps amygdaloïdes.

La base des trapps amygdaloïdes ne présente aucune différence réelle avec celle des trapps homogènes; le nom d'*amygdaloïdes* leur a été donné relativement aux globules sphériques, ovales ou irréguliers, de spath calcaire, d'agate, de calcédoine, de jaspe, de terre verte analogue à celle dite de Vérone, et autres substances minérales qu'on y distingue, et qui tiennent au même système de formation que celui des trapps dans lesquels on les trouve renfermés.

Pour démontrer cette vérité, que l'examen et l'étude des trapps en place faisoit déjà pressentir, je priai plusieurs chimistes très-éclairés, de vouloir s'occuper de l'analyse de diverses variétés d'amygdaloïdes, abstraction faite des globules qu'on sépara avec tout le soin possible.

Le résultat de ces expériences, dont plusieurs furent répétées, ne laissèrent subsister aucun doute sur l'identité de la pâte qui renferme les amygdaloïdes avec celle qui constitue les trapps auxquels j'ai donné le nom d'homogènes, pour les distinguer de ceux qui renferment des corps étrangers; ce qui ne permet pas de les séparer du genre, et se trouve parfaitement d'accord avec la marche de la nature.

Les différences de couleur n'étant que le résultat des divers degrés d'oxydation du fer qui entre dans la composition des trapps, n'influe en rien sur leur produit; c'est en étudiant en place les montagnes entièrement composées de trapp, qu'on peut suivre d'une manière aussi instructive que satisfaisante la marche progressive des changemens de couleur et de dureté occasionés dans ces roches par l'action de l'oxygène sur le fer, ou par la désunion de leurs parties constituantes.

C'est pour n'avoir pas été à portée d'observer ce beau travail de la nature et n'avoir pas examiné de quelle manière elle sait distribuer ses couleurs, que la plupart des minéralogistes systématiques, qui n'ont vu ou n'ont voulu voir les objets qu'isolément, ont été, pour ainsi dire, contraints de donner tant de noms de genres et d'espèces à des substances minérales qui dérivant les unes des autres, appartiennent à un même système de formation, et ne présentent de différences apparentes et trompeuses, que celles qui tiennent à des causes purement accidentelles.

Ce sont ces aberrations qui ont jeté une grande confusion dans l'histoire naturelle des minéraux, lorsqu'on a cru, particulièrement dans l'étude difficile des roches, qu'on pouvoit, à l'aide des seuls caractères extérieurs, se passer de voir la nature en place, tandis que ce n'est qu'en fréquentant ses vastes laboratoires, qu'on peut suivre la disposition et la simplicité de sa marche, et voir, pour ainsi dire, de quelle manière elle s'est comportée dans ces immenses accumulations de matières sur lesquelles tous les ressorts physiques et chimiques ont exercé réciproquement leur action, et continuent à les exercer encore, mais dans un sens différent.

C'est donc dans ces grands gisemens qu'on voit les trapps amygdaloïdes alterner souvent avec les trapps noirs les plus homogènes (1); mais ce qu'il y a de plus remarquable encore, c'est que ceux-ci, après avoir occupé des espaces d'une grande étendue dans cet état d'homogénéité, passent tout à coup et d'une manière très-brusque à l'état de *trapps amygdaloïdes*, en conservant la même direction et la même assiette; ce qui démontre évidemment que les uns et les autres tiennent à un système contemporain de formation, leur différence ne consistant qu'en une surabondance de chaux lorsque les globules sont calcaires, ou dans un excès de terre quartzeuse, lorsque ceux-ci sont d'agate, de calcédoine, ou de jaspe.

---

(1) Les minéralogistes ont certainement beaucoup trop généralisé le mot *amygdaloïde* en l'appliquant indistinctement à des substances minérales de formes globuleuses renfermées dans diverses espèces de roches, telles, par exemple, qu'au granit globuleux de Corse, ou au porphyre à grands globules sphéroïdaux du même pays, aux variolites vertes de la Durance, etc. On peut conserver ce nom sans inconvénient, pour ne rien innover, mais il faut nécessairement le faire précéder dans ce cas du nom du genre de la roche, et il devient alors une sorte d'épithète caractéristique.

A ces trapps amygdaloïdes succèdent des trapps homogènes noirs plus ou moins durs, qui n'ont éprouvé d'autre altération, si ce n'est celle qui tient en général à une certaine disposition particulière qu'ont ces pierres à se déliter et à se diviser naturellement en fragmens plus ou moins réguliers, dans le sens des fils ou linéamens dont j'ai déjà fait mention et qui portent tous l'empreinte d'un degré d'oxydation du fer qu'elles renferment, qui se manifeste surtout du côté des faces les plus exposées à l'action de l'air et à celle des autres météores.

Les trapps dont il est question forment quelquefois, sans interruption, des bancs d'une très-grande épaisseur, j'oserois presque dire des couches, si je ne craignois que des fissures horizontales, occasionées peut-être par le retrait, ne nous fissent illusion; mais ce qu'il y a de remarquable ici, c'est que ces trapps homogènes reposent sur d'autres trapps amygdaloïdes à globules calcaires, qui forment à leur tour de nouvelles stratifications.

La même disposition se répète un grand

nombre de fois, en raison de l'élévation et de l'étendue des masses, dans les formations qui ont donné naissance à des montagnes, telles que celle de *Drouvaire* dans les Hautes-Alpes, du *Champsaur*, et plusieurs de celles du Palatinat du côté de *Kirn* et d'*Oberstein*, qui ont entre elles, sous ce point de vue, de grands rapports de ressemblance, quoique situées à des distances très-considérables.

Des trapps amygdaloïdes à globules calcaires, semblables en tout à ceux des environs d'*Oberstein* et de la montagne de *Drouvaire*, présentent dans la disposition de leurs gisemens un fait des plus remarquables qui mérite une grande attention de la part des naturalistes géologues, et que je ne saurois passer sous silence ici, malgré les difficultés qui semblent entourer son explication.

C'est en Angleterre et dans le Derbyshire qu'on peut avoir la facilité d'observer et d'étudier ce fait propre à faire naître des réflexions nouvelles sur la très-haute antiquité du globe, et à nous en présenter des preuves irrécusables dans la disposition particulière des trapps amygdaloïdes.

J'étois dans ce pays, à mon retour des Hébrides, en 1783, et me trouvant à *Buxton*, lieu renommé par ses eaux minérales, j'eus la satisfaction d'y rencontrer le docteur Pearson, excellent médecin anglais qui s'occupoit de chimie et d'histoire naturelle, et qui avoit publié un bon ouvrage sur les eaux de Buxton (1). Ce savant daigna m'accueillir d'une manière très-affable et offrit de m'accompaguer dans les lieux les plus remarquables des environs : « Nous pouvons voir, me » dit-il, à un quart de lieue d'ici un beau » courant de lave qui s'est fait jour ancien- » nement au milieu du calcaire, et que j'ai » fait figurer dans la partie de mon livre qui » traite de la topographie de Buxton. »

Nous nous rendimes, en suivant la petite rivière de *Wye*, du côté du moulin du lieu, par une espèce de détroit situé entre deux

---

(1) *Observations and experiments.on Buxton water, etc. By doct. Pearson. London, Johnson, St.-Paul Churchyard.* In-8°. fig.

collines de pierre calcaire grise et dure dont les bancs surplombent de part et d'autre du côté de la rivière. C'est à droite et un peu au-dessus du moulin que M. Pearson me fit observer, non un courant de lave, mais un beau filon de *trapp amygdaloïde* à globules calcaires qui traversoit les bancs et se montroit au jour. « Rien n'est volcanique ici, lui
» dis-je, et je serois bien surpris, si nous ne
» trouvions pas bientôt de plus grands gise-
» mens de trapps. Voyons cette petite île
» pierreuse qui s'élève au-dessus de l'eau, et
» a la couleur brune du trapp. »

Nous nous y rendîmes; il ne l'avoit point encore observée, et nous reconnûmes qu'elle étoit entièrement formée de trapps amygdaloïdes d'un brun foncé, à globules calcaires, et divisés en une multitude de petits prismes à trois, à quatre et à cinq pans, jamais à six ni à sept, supportés sur un grand massif de trapp homogène, brun, dur, en général, mais commençant à se décomposer et à s'exfolier dans quelques parties; cette décomposition donnoit naissance à des espèces de boules semblables à celles qu'on observe dans la décomposition de quelques laves ; d'autres trapps amygdaloïdes succédoient ensuite aux trapps homogènes en décomposition.

Il est impossible, en observant ce singulier gisement de trapp, de se défendre de l'idée d'un courant de lave qui se seroit fait jour au milieu des bancs calcaires, pour venir former la petite île qui présente en mignature le tableau d'une chaussée basaltique, dans laquelle on croit voir quelques laves en boules.

Ce sont ces apparences trompeuses, assez fréquentes dans plusieurs autres parties de cette province, qui induisirent en erreur un savant très-estimable, le docteur Whitehurst, qui dans la description très-exacte qu'il a publiée sur le Derbyshire (1), considéra ces trapps compactes et ces trapps amygdaloïdes comme de véritables laves, quoiqu'il n'y ait pas le plus léger indice d'anciens volcans

---

(1) *Inquiry into the original state and formation of the earth, etc. By John Whitehurst. London,* 1778, in-4°. fig.

dans cette belle contrée, et que ces trapps aient une origine entièrement différente de celle des laves.

Ce fait isolé, pouvant être considéré comme un simple accident, n'est rien, pour ainsi dire, à côté des grands gisemens de trapps amygdaloïdes du Derbyshire, dont les stratifications, qui ont quelquefois plus de quarante pieds d'épaisseur sans interruption, alternent avec des bancs de pierre calcaire qui ont très-souvent une plus grande épaisseur encore, et auxquels succèdent de nouveaux trapps amygdaloïdes, suivis d'autres bancs calcaires, sans qu'on ait pu reconnoître encore jusqu'à quelle profondeur cette succession alternative de substances minérales pierreuses se continue.

Ce calcaire est tantôt de la nature du marbre et reçoit un beau poli, tantôt il est noir et exhale une odeur fétide par le frottement; d'autres fois on y trouve des corps marins, tels que des entroques ou articulations de palmiers marins, cylindriques, très-grosses, des térébratules, et des belemnites changées en marbre, ou quelquefois passées à l'état quart-

zeux ; enfin ce haut plateau du Derbyshire a
éprouvé de si grands bouleversemens et de si
terribles catastrophes, que c'est dans ce même
calcaire qu'on trouva, non sans étonnement,
dans un filon de galène en exploitation, de
gros et nombreux morceaux de *caoutchouc*
ou gomme élastique fossile, adhérens quelquefois à la galène même, et conservant encore une assez grande flexibilité.

Les bancs calcaires qui recouvrent les
trapps amygdaloïdes, dans une vaste étendue du Derbyshire, sont riches en mines de
plomb, dont les divers filons coupent verti-
calement le calcaire, et sont brusquement
interrompus lorsqu'on a atteint le premier
banc de trapp amygdaloïde ; on est obligé de
percer celui-ci à grands frais pour retrouver le
filon de galène qui reparoît immédiatement
au-dessus aussitôt que l'on arrive à la seconde couche calcaire, et ainsi de suite ;
mais comme ce beau fait géologique mérite
la plus grande attention et tient essentiellement à un des plus étonnans gisemens de
trapps que nous puissions connoître, je vais,
afin d'être mieux entendu de tout le monde,

3

l'appuyer d'un exemple qui en facilite l'intelligence, et je choisirai un de ceux que le docteur Whitehurst a rapportés, après avoir mesuré avec la plus sévère exactitude l'épaisseur des bancs et déterminé leur inclinaison; j'y ajoaterai même une figure au trait faite d'après ses propres dessins, afin de parler aux yeux, et d'éviter par-là les détails dans lesquels je serois nécessairement obligé d'entrer.

C'est entre *Grange - mill*, *Wensley* et *Davley-moor* qu'on peut prendre une idée exacte de la disposition alternative des couches de calcaire et de trapp amygdaloïde. (Voyez la planche n°. 1.)

1. La première stratification dont on voit encore de grands restes est de grès quartzeux, et a cent vingt pieds anglais d'épaisseur.... 120
2. Schiste noir argileux de la nature de l'ardoise, mais moins dur et légèrement bitumfeux, cent vingt pieds... 120
3. Première couche de calcaire très-dur, employé comme marbre, cinquante pieds, avec des filons de galène.... 50
4. Trapp amygdaloïde, seize pieds.... 16
5. Pierre calcaire dure, dans laquelle les filons reparoissent, cinquante

pieds.......................... 5o
6. Trapp amygdaloïde sans filons, qua-
   rante-six pieds.................. 46
7. Pierre calcaire avec filons de galène,
   soixante pieds.................. 6o
8. Trapp amygdaloïde sans filons, vingt-
   deux pieds..................... 22
9. Couche calcaire; l'épaisseur en est
   inconnue.

484 pieds.

Il est à propos d'observer que dans d'autres exploitations analogues à celle-ci, et
qui en sont éloignées de plusieurs lieues, la
même disposition de couches y règne, mais
avec des différences dans les épaisseurs; ainsi
à *Tideswall* la première couche de trapp
amygdaloïde a cent soixante pieds d'épaisseur, et 'on ne l'avoit pas eucore entièrement
traversée, tandis qu'à huit cents toises de
distance de là, la même couche n'a que quarante pieds, et à trois cents toises plus loin
encore, elle n'a plus que trois pieds. L'on
observe la même irrégularité dans les autres
stratifications. Il est aussi quelques cas particuliers dans lesquels les bancs de trapps
amygdaloïdes, séparés par de grandes stra-

tifications calcaires, se communiquent et se rejoignent entre eux par des espèces de filons particuliers, peu nombreux, à la vérité, et qui doivent être considérés comme de grandes fissures ou coupures qui se sont formées dès l'origine dans le calcaire, et ont été remplies de la substance trappéenne amygdaloïde.

Ferber qui visita quelques années avant moi les mêmes montagnes, et qui publia peu de temps après un abrégé de son voyage ayant pour titre : *Essai sur l'oryctographie du Derbyshire*, fut si frappé de la structure singulière de ces montagnes et de l'étonnant désordre qui y règne, qu'il annonce qu'un grand nombre de phénomènes l'étonnèrent :
« Toutes les montagnes à couches que j'avois
» examinées, dit ce célèbre minéralogiste,
» et dont la structure intérieure m'étoit par-
» faitement connue par la visite des mines,
» ne me rappelloient aucun exemple com-
» parable à ce que je voyois pour la pre-
» mière fois dans le Derbyshire. La grande
» diversité des couches et leurs dispositions
» souvent bizarres que je n'avois observées
» en aucun pays, m'embarrassoient très-

» souvent, et je suis persuadé que la même
» chose arrivera aux plus habiles minéralo-
» gistes (1). »

Voici encore une preuve de la marche
inégale des couches. Je la rapporte pour
être mise en parallèle avec celle dont j'ai
donné le tableau ci-dessus. (Voy. la Pl. n°. 2.)

1re. Couche. Le grès quartzeux est ici d'une épaisseur variable.

2e. Le schiste argileux de la nature
de l'ardoise.................. 74 toises angl.

3e. Première couche calcaire...... 17

4e. Première couche de trapp amygdaloïde..................... 17

5e. Seconde couche calcaire....... 18

6e. Seconde couche de trapp amygdaloïde..................... 24

7e. Troisième couche calcaire..... 40

8e. Troisième couche de trapp amygdaloïde..................... 10

9e. Quatrième couche calcaire dont
l'épaisseur est inconnue.

200 toises.

(1) Essai sur l'Oryctographie du Derbyshire,
province d'Angleterre, par M. Ferber, traduit de
l'allemand par M. Gruvel. Paris, Cuchet, 1790, in-8°.

Le trapp amygdaloïde varie de dureté et quelquefois de couleur dans plusieurs des exploitations du Derbyshire. Il y en a dont le fond de la pâte est violâtre, d'autre brune, d'autre verdâtre; les globules sont en général en spath calcaire, abondans dans quelques parties, plus clair-semés dans d'autres. La pâte du trapp est dure dans certaines stratifications, tendre dans d'autres, et se décomposant à l'air extérieur. Enfin ces trapps amygdaloïdes présentent, en général, les mêmes variétés que les autres roches du même genre qu'on trouve dans d'autres contrées; mais leur gisement entre des bancs calcaires est ce qu'il y a véritablement de plus remarquable et de plus étonnant; je ne me permettrai pas de hasarder aucune explication à ce sujet, parce que les bornes de ce Mémoire ne comportent pas les détails dans lesquels il seroit nécessaire d'entrer pour remplir ce but. Dans le système de formation des roches trappéennes, les amygdaloïdes à globules calcaires sont, en général, les plus nombreux : ce qui prouve que dans cette opération de la nature la chaux a été pré-

dominante et s'y est trouvée même avec
excès, et constamment unie à l'acide carbo-
nique ; ce qui a donné naissance à des globules spathiques confusément crystallisés,
d'un aspect souvent limpide, et pouvant re-
cevoir un poli brillant, tandis que la pâte
qui les renferme n'en est presque jamais
susceptible. Ce spath calcaire est incolore en
général ; cependant on en trouve quelquefois
qui a une légère teinte rose produite par une
très-petite portion d'oxyde de fer, et dans
quelques circonstances particulières, par un
peu de manganèse.

Les globules calcaires sont, en général,
de la grosseur d'un petit pois ; il y en a
même de la grosseur d'une balle de fusil ;
mais on en trouve souvent de si petits, qu'on
peut les comparer à des têtes d'épingles.

Beaucoup d'amygdaloïdes à noyaux calcaires ont leurs globules extérieurement en-
duits d'une couche très-mince de quartz
pur, de quartz calcédonieux, et dans plusieurs cas de terre verte, dont la couleur
est due à une oxydation particulière du fer,
ainsi que l'a très-bien reconnu M. Vauquelin,

dans l'analyse de la terre verte de Vérone, publiée dans les Annales du Muséum d'histoire naturelle, tom. IX, pag. 8.

Lorsque dans quelques circonstances particulières le fer est entré avec excès dans la composition des trapps, il a formé des globules de fer oxydé; et il en a été de même de quelques autres substances minérales, qui se trouvant surabondantes, se sont en quelque sorte séparées de la masse pour se réunir en globules plus ou moins gros, plus ou moins ronds, ou de formes irrégulières.

Si les trapps amygdaloïdes à globules calcaires sont en général ceux qu'on trouve le plus fréquemment dans les montagnes de ce genre, les amygdaloïdes à globules d'agate, de calcédoine, de jaspe ou de quartz, n'existent que dans des roches trappéennes qui semblent leur être exclusivement consacrées : ce sont celles-ci qui ont été mises le plus à découvert pour aller à la recherche de ces belles matières, qui présentent des avantages au commerce et aux arts, et même à la simple curiosité.

Les trapps les plus remarquables en ce

genre sont ceux de la montagne de *Kinoull*
en Écosse, près de la petite ville de *Perth*,
où les agates ne sont pas bien grosses, à la
vérité, mais d'une belle eau; on y trouve
même quelques *onyx*, et j'en possède une
très-distinguée.

La montagne du *Galgen-Berg*, à une
lieue d'Oberstein, est une des plus remarquables par la grande quantité d'agates de
toutes couleurs et de toute grosseur qu'on
y exploite. Les ouvriers ont la facilité de les
choisir d'après leur goût ou d'après les de-
mandes qui leur sont faites. Elles formoient
autrefois un grand objet de commerce, et
beaucoup d'ouvriers étoient employés à les
mettre en œuvre. On y découvre quelques
agates solides qui ont plus de six pouces de
diamètre, et ont de beaux accidens de couleur.

CHAPITRE III.

Des Substances minérales qui sont entrées dans la formation des roches de Trapp.

Il est temps de passer à l'analyse des *trapps compactes homogènes*, ainsi qu'à celle des *trapps amygdaloïdes*, afin d'obtenir des résultats propres à nous bien faire connoître les principes constitutifs des uns et des autres, et à nous apprendre s'il faut les considérer comme dépendant d'un même système général de formation, ou si nous devons regarder ces derniers comme tenant à une époque plus moderne.

ANALYSES DE QUATRE VARIÉTÉS DE TRAPPS COMPACTES.

Les trois premières ont été faites sous la direction de M. Vauquelin, la quatrième par M. Chevreul.

N°. 1.

Trapp d'Adelfors en Suède.

Silice...............................	50
Alumine.............................	11
Chaux...............................	5
Magnésie............................	3
Fer.................................	22
Soude et potasse....................	5
Perte...............................	4
	100

N°. 2.

Trapp de Norberg en Suède.

Silice...............................	48
Alumine.............................	14
Chaux...............................	5
Magnésie............................	2
Fer.................................	21
Soude et potasse....................	6
Perte...............................	4
	100

N°. 3.

Trapp de Kirn.

Silice..	56
Alumine...	12
Chaux...	7
Magnésie..	0
Fer...	16
Soude et potasse................................	6
Perte...	3
	100

N°. 4.

Trapp de Renaison , *dans l'ancien Forest , par* M. Chevreul.

Silice..	62,88
Alumine......................................	15,91
Chaux et magnésie............................	0,70
Protoxyde de fer et de manganèse.............	11,77
Soude et potasse.............................	7,63
Charbon......................................	0,03
Perte..	1,08
	100,00

ANALYSES DE QUATRE VARIÉTÉS DE TRAPPS AMYGDALOÏDES.

N°. 5.

Trapp amygdaloïde d'Oberstein, par M. Bergmann, élève de M. Vauquelin.

Silice... 52
Alumine... 18
Chaux.. 4
Magnésie... 1
Fer.. 15
Soude et potasse................................. 6
Perte.. 4
                                               ——
                                              100

N°. 6.

Trapp amygdaloïde du Champsaur, par l'auteur du présent Mémoire.

Silice... 49
Alumine... 16
Chaux.. 6
Magnésie... 1
Fer.. 18
Soude et potasse................................. 6
Perte.. 4
                                               ——
                                              100

N°. 7.

Trapp amygdaloïde de Hesse-d'Armstádt, *par*
M. *Dubois.*

Silice. 55
Alumine. 12
Chaux. 8
Magnésie. 1
Fer. 16
Soude et potasse. 5
Perte. 3
——————
100

N°. 8.

Trapp amygdaloïde de Buxton *dans le Derbyshire,*
par M. *Langlois.*

Silice. 58
Alumine. 12
Chaux. 6
Magnésie. 1
Fer. 14
Soude et potasse. 6
Perte. 3
——————
100

D'après ces analyses comparatives, l'on
voit que les trapps compactes homogènes
choisis dans des gisemens très-éloignés les
uns des autres, ainsi que les trapps amygda-

loïdes dont les uns sont venus d'une province d'*Angleterre*, d'autres de l'*Allemagne*, et d'autres des bords de la *Nahe* et des Hautes-Alpes dauphinoises du *Champsaur*, ont, à quelques petites variations près, donné les mêmes produits; il faut observer, surtout, que les uns et les autres sans exception ont tous fourni de *la soude et de la potasse*.

Quant à la magnésie qui n'a pas été reconnue dans le trapp compacte de Kirn, qui est cependant doux au toucher, caractère que la magnésie imprime ordinairement aux pierres dans lesquelles elle se trouve mélangée, il est possible qu'elle ait échappé à l'analyse, ou que cette terre ne soit qu'accidentellement unie aux trapps, et manque dans quelques variétés.

Ainsi, la *silice*, l'*argile*, la *chaux*, le *fer*, la *soude*, et la *potasse* forment essentiellement les parties élémentaires des roches de trapps, tant *homogènes* qu'*amygdaloïdes*, plus un peu de *magnésie*, qui pourroit bien ne pas être nécessaire à cette roche composée et ne s'y trouver que comme accessoire.

Il paroît, d'après ces résultats, qu'on est autorisé à en conclure que les trapps amygdaloïdes sont d'une même époque de formation que les trapps homogènes, et ici l'analyse est en rapport avec les faits, puisque dans la nature ces deux variétés de trapps occupent les mêmes gisemens et alternent les unes avec les autres.

Nous ne devons considérer dans ce cas les globules nombreux et de toutes grandeurs, en spath calcaire, en quartz, en agates, en calcédoines, en jaspes, etc., qui se trouvent dans les trapps amygdaloïdes, que comme les produits d'une surabondance et d'un excès de chaux, de silice et de fer, qui ne pouvant pas se combiner avec les autres substances minérales se séparoient et se réunissoient attractivement par places distinctes, en globules ou en nœuds, qui restoient emprisonnés dans la roche même où ils s'étoient formés.

Quelques personnes, il est vrai, ont voulu leur attribuer une origine différente : les unes ont dit que les globules, petits ou gros, n'ont été formés que par des transsudations lentes qui ont eu lieu dans des vides ou des espèces de soufflures de toutes formes et de toutes grandeurs, qui existoient au milieu de la roche trappéenne, et avoient été produits par le dégagement de quelques gaz; mais outre que rien n'autorise à admettre ces cellules qui n'ont point de communications entre elles et qu'on ne voit pas dans les trapps homogènes, ceux qui ont établi ces suppositions n'ont pas fait attention qu'on trouve dans plusieurs échantillons de trapps amygdaloïdes, à côté même des globules les mieux prononcés et les plus régulièrement sphériques, quelques cristaux de feld-spath bien distincts et ayant les formes qui leur sont propres; il faudroit donc admettre dans ce cas que ces cristaux de feld-spath enchatonnés dans la pâte du trapp, et produits par une surabondance de la matière qui leur est propre, sont venus aussi s'infiltrer dans des cavités cellulaires qui auroient dû avoir la régularité géométrique de ces cristaux, puisque ceux-ci en remplissent entièrement l'espace; ce qui est inadmissible.

Enfin il s'éleva dans le temps une autre

opinion, et peut-être quelques personnes y
tiennent encore : des minéralogistes crurent
que les globules des amygdaloïdes dérivoient
de corps pierreux de diverses espèces, arrondis par le frottement, préexistans aux
roches de trapps, et saisis par la substance
boueuse encore liquide de leur pâte, qui a
acquis depuis lors une grande dureté; mais
c'est raisonner de la même manière que ceux
qui prétendoient aussi que les belles et rares
variétés de granit et de porphyre globuleux
de l'île de Corse ne devoient leur origine
qu'à des corps solides pareillement arrondis
par le frottement, et enveloppés dans les
parties élémentaires des granits et des porphyres à mesure qu'ils se formoient.

C'étoit là l'opinion de M. Daubenton qui
n'avoit jamais vu de roches que dans les ar-
moires du cabinet dont il étoit le gardien, et
qui pouvoit cependant, sans se déplacer,
prendre la peine d'examiner les cercles parallèles qui entourent les corps sphériques
du granit de Corse, ainsi que les rayons qui
partent du centre vers la circonférence; il
n'auroit pu s'empêcher alors d'en conclure

que ce système de formation ne pouvoit dé-
river que d'une cristallisation faite en place,
mais gênée dans ses développemens. Le porphyre globuleux qui n'avoit pas encore été
découvert à cette époque est venu confirmer
cette théorie, entièrement applicable aux
amygdaloïdes des trapps.

En considérant les roches de trapps, ainsi
que les autres roches, sous les points de vues
chimiques et physiques qui tiennent à leur
formation, il faut rappeler à ceux qui n'ont
pas encore acquis l'habitude complète de
l'observation, que ces roches, depuis leur
antique existence, n'ont jamais cessé d'être
soumises à l'influence des causes chimiques
et physiques, particulièrement dans les parties les plus exposées à l'action de l'air et des
météores atmosphériques ; ce qui leur fait
éprouver à la longue certaines altérations,
qui n'effacent pas leurs caractères, mais qui
y apportent quelquefois des modifications.

Puisque la *soude* et la *potasse* se trouvent
constamment alliées aux trapps, et que ceux-
ci ont d'ailleurs d'autres caractères distinctifs
qui leur sont propres, considérons-les comme

formant des groupes particuliers, dispersés sur divers points du globe; et puisque la nature a formé ainsi par groupes les autres roches, dans l'opération générale qui leur a donné naissance, nous ne ferons que copier par là la marche qu'elle semble nous avoir tracée elle-même. Ces divisions, par parties résultantes d'un tout, peuvent offrir les moyens les plus propres pour suivre et étudier avec facilité et sans aucune espèce de confusion tous les objets réunis dans ces espèces de circonscriptions particulières et nous procurer en même temps le grand avantage de pouvoir en embrasser l'ensemble ; or, en passant ainsi graduellement de groupes en groupes, on parvient avec le temps et à l'aide de l'expérience, à distinguer et à bien reconnoître les points de contact et de liaison qui les rattachent les uns aux autres, et en forment les grands et les superbes résultats d'une des plus grandes et des plus étonnantes opérations de la nature.

CHAPITRE IV.

Des caractères distinctifs entre les roches de Trapp et les roches d'Hornblende.

Si les trapps ont présenté jusqu'à présent de si grandes difficultés à ceux qui avoient la volonté de les bien connoître, pour remplir la lacune qu'ils laissoient dans l'histoire naturelle des roches, il faut en attribuer la principale cause à ce que, trompés par la couleur, et par des méthodes systématiques qui ne sont point en rapport avec les faits, on est parti d'une fausse donnée, en confondant les véritables roches de trapp avec les roches d'hornblende, qu'il falloit nécessairement séparer pour en former deux groupes distincts, puisque la nature nous les présente ainsi.

En effet, ces deux roches composées, ou plutôt les substances minérales qui sont entrées dans le système de leur formation, ont des caractères différentiels et des gisemens

qui leur sont propres. Ce qui prouve de plus
en plus, que dans une étude qui sert de base
fondamentale à la haute géologie, il ne faut
point s'écarter de cette division par groupes,
puisqu'elle s'offre ainsi à nos regards, et que
nous nous égarons toutes les fois que nous
voulons la faire ployer à nos méthodes systématiques et artificielles.

C'est pour n'avoir pas suivi cette marche
simple et naturelle que Breislak, si riche de
tant de moyens dans toutes les autres parties
de la minéralogie, semble s'être égaré dans
celle-ci, qui avoit cependant besoin d'être
éclairée et d'être traitée avec une grande attention; ses pas vacillans laissent apercevoir
sans peine, que ce n'est point la nature qu'il
a consulté, mais les livres; au reste il ne nous
le laisse pas ignorer lui-même.

Cependant s'il eut cherché à prendre une
meilleure détermination, et qu'il eut voulu,
par exemple, porter un œil attentif sur la
disposition et la nature des trapps d'*intra*
situés sur les bords du lac *Verbano*, qui ne
sont qu'à une journée de Milan où réside
Breislak et où il a publié son Introduction à

la géologie, il n'auroit certainement pas dit,
pag. 192 de son livre : « Qu'on a donné le
» nom de trapp aux roches dans lesquelles
» l'hornblende ou amphybole prédomine,
» substance qui est cependant cristallisée
» dans les trapps qui appartiennent à la for-
» mation primitive, mais qui va peu à peu
» en perdant cette texture jusqu'à ce qu'il
» passe à une espèce de *wacke* (1) ou bien
» d'argile durcie, ferrugineuse et noirâtre. »
Breislak, qui emprunte de l'école werné-
rienne ces définitions , dit que cette école
distingue trois formations de trapps, les *pri-*
mitifs, ceux de *transitions* et les *secon-*
daires ; et il ajoute que *de nombreuses*
espèces de roches trappéennes indiquées
par une nomenclature peu harmonieuse
et tout-à-fait insignifiante , appartien-
nent à chacune de ces formations ; j'a-
dopte volontiers cette dernière réflexion qui
est juste, mais je sépare exclusivement les
trapps *des roches dans lesquelles l'horn-*

-----

(1) Mauvais nom qui disparoît de lui-même d'après
la division que j'ai établie.

blende prédomine , et je circonscris ces dernières dans le groupe qui leur est propre.

On ne m'a point vu suivre d'autre marche jusqu'à ce jour, et plus je me suis occupé de ce sujet, plus j'ai persisté dans cette opinion, étant convaincu que c'est en confondant, ainsi que l'ont fait plusieurs minéralogistes , les hornblendes avec les trapps, qu'on a jeté tant d'obscurité sur cette partie de l'histoire naturelle des roches.

L'on a pu voir dans la description des divers gisemens de trapps que j'ai fait connoître ci-dessus, qu'il n'a jamais été question d'hornblende, parce que dans la multitude d'échantillons de trapps qui m'ont passé par les mains dans ces différens lieux, je n'ai jamais aperçu cette substance minérale dans ces roches; je n'en ai pas fait mention non plus dans mes Essais de géologie à la section des roches, dans le chapitre consacré aux trapps.

Je sais que Breislak n'est pas le seul qui ait confondu ces deux genres de pierres, Dolomieu lui-même s'y étoit trompé longtemps avant lui; mais de Saussure, § 1945

de son Voyage dans les Alpes, fit sentir à
notre ami commun qu'il avoit été induit en
erreur par une fausse interprétation du *corneus trapezius*, de Wallerius, qui se rapporte à une pierre simple du genre des cor-
néennes à cassure fine et compacte, ainsi
que l'observe très-bien Saussure, et non aux
véritables trapps qui sont des roches composées; mais il est juste de dire qu'à cette
époque nous n'étions pas encore assez fami-
liarisés avec les nomenclatures minéralogi-
ques du nord.

Saussure lui-même, qui a décrit avec une
si grande exactitude les trapps amygdaloïdes
des bords de la rivière de l'*Emme*, dans les
environs de Lucerne (voyez § 1946 de son
Voyage dans les Alpes), et auxquels il donna
le nom de *trapp des variolites*, avoit très-
bien observé que leur base étoit trappéenne;
mais lorsqu'il a voulu (§ 1944) définir mi-
néralogiquement la nature de la pâte qui
renferme les globules de ces amygdaloïdes,
il a dit qu'elle appartient au genre des argiles
endurcies, *argila lapidea*, et il a donné à
cette base, qui est incontestablement un

trapp, le nom d'*argilolite*, au lieu de lui conserver celui de trapp qui étoit admis et valoit mieux.

Ce sont là de légères erreurs dont on revient avec le temps et qui ne doivent mériter aucun reproche à leurs auteurs, parce qu'elles tiennent à l'état des connoissances à l'époque où l'on a écrit; je voudrois bien moi-même; qui suis obligé de rappeler celle-ci pour l'exactitude des faits, n'en avoir jamais commis, ni n'en jamais commettre de plus graves. C'est à mesure qu'éclairé par l'expérience et par des recherches soutenues on avance un peu dans la carrière des sciences, qu'on reconnoit mieux les grandes difficultés dont elles sont si souvent entourées, et qu'on apprend à être indulgent et reconnoissant envers ceux qui consacrent leurs veilles et leur repos à notre instruction et aux progrès des lumières générales qui ont une si grande influence sur la raison.

Je n'entrerai point dans les détails sur la manière dont les auteurs des méthodes artificielles ont interprété et interprètent encore le sens du mot *lapis corneus* de Wallérius

et des autres minéralogistes du nord; je dirai
seulement que les uns l'ont appliqué aux
hornblendes ou *amphiboles*, les autres l'ont
confondu avec les *wackes*, qui doivent rester dans le groupe des *trapps*, d'autres avec
les *grunstein* qui appartiennent aussi aux
hornblendes. Il semble, en vérité, qu'on se
soit en quelque sorte exercé à qui jeteroit
le plus d'incertitude et de confusion dans
cette partie de l'histoire naturelle des roches,
qui ne pouvant jamais se plier aux méthodes
systématiques, appartient exclusivement à la
méthode naturelle, la seule propre à dé-
brouiller ce chaos et à nous présenter les
objets tels que la nature les a disposés elle-
même. C'est ainsi que nous la verrons se copier en quelque sorte, et nous montrer les
mêmes résultats de combinaisons, les mêmes
produits, les mêmes dispositions et les mêmes
gisemens, à de grandes distances, toutes les
fois que les circonstances qui ont déterminé
les formations de ces roches ont été les mêmes; ce qui prouve que sa marche toujours
uniforme, mais toujours grande et toujours
simple, n'est point autant compliquée qu'on

semble le croire, et qu'on peut fort bien se passer de la plus grande partie de cette masse toujours croissante, et de plus en plus obscure, de noms qui embarrassent la géologie, et ne font qu'en retarder les progrès.

Les roches d'hornblende ont non-seulement des caractères extérieurs, mais des gisemens qui diffèrent de ceux des trapps ; leurs analyses, telles que nos chimistes sont en état de les faire à présent, offrent des différences dans leurs produits : la silice et le fer oxydulé sont en plus grande proportion dans les hornblendes que dans les trapps, et ceux-ci sont constamment unis à la soude, tandis que les autres en sont privés.

Il seroit facile d'établir encore d'autres différences entre ces deux substances minérales, mais elles nous jeteroient dans de trop longs détails ; et comme c'est essentiellement pour les géologues que nous écrivons, ceux qui ont bien observé la nature en place n'ont pas besoin d'autre explication, et il n'en est point qui n'ait reconnu que les roches dans lesquelles l'hornblende domine se trouvent plus particulièrement dirigées vers la ligne des granits proprement dits avec lesquels elles ont une sorte de filiation ; tandis que les roches trappéennes semblent rentrer plus spécialement dans le domaine des porphyres.

C'est le cas de rappeler ici qu'on a classé sans raison parmi les trapps une pierre noire, dure, à pâte plus ou moins fine, employée de préférence par les anciens Egyptiens pour former les statues de leurs nombreuses divinités. La couleur sombre et égale de la pierre, la sévérité des formes convenoient à l'austérité de leur culte, et la grande dureté de cette pierre la rendoit en quelque sorte impérissable ; la cupidité des conquérans n'avoit point d'intérêt à la détruire, puisqu'on ne pouvoit tirer aucun parti de la valeur de la matière qui étoit nulle.

Cette pierre dont Pline et Strabon ont fait mention, et que le célèbre naturaliste romain désigna, d'après les Egyptiens, sous le nom de *basalte*, a donné lieu à de grandes discussions parmi les antiquaires et plus particulièrement parmi les minéralogistes. Ces derniers ayant cru reconnoître, en raison de la couleur et de la dureté, cette même pierre

en voyant les laves compactes si abondam-
ment répandues dans la Sicile, et dans une
grande partie de l'Italie, donnèrent à ces
laves le même nom de *basalte*; l'habitude
prévalut, et l'on finit par regarder ces deux
genres de pierre comme étant de la même
nature, c'est-à-dire qu'on les considéra comme
le produit des volcans, malgré que le basalte
d'Egypte eut une origine bien différente.

Une des causes qui contribua long-temps à
maintenir cette erreur, c'est qu'après la con-
quéte de l'Égypte par les Romains, beaucoup de statues égyptiennes, de vases et
autres monumens en basalte, ayant été trans-
portés à Rome, ce genre de curiosité fut
très-recherché et devint, sous l'empereur
Adrien, une sorte de passion qui porta ces
objets d'art à un prix très-élevé ; on restaura
tout ce qui avoit éprouvé des accidens, avec
de véritables basaltes volcaniques, que les
sculpteurs anciens avoient la plus grande facilité de se procurer à peu de frais dans les
environs même de Rome ; de sorte que dans
les temps postérieurs, lorsque des savans
versés dans la connoissance des pierres por-

toient leur regard sur ces parties réparées, sans y regarder de plus près, ils étoient induits en erreur, et trompés par ces restaurations bien postérieures aux temps des Égyptiens, ils ne manquoient pas d'affirmer que ces peuples avoient employé dans leurs ouvrages d'arts, de véritables basaltes volcaniques, et de là, peut-être, la fausse tradition que les Égyptiens et même les Romains avoient employé des pierres qu'ils pouvoient fondre et couler en moules.

En dernière analyse, le basalte égyptien, le basalte de Pline et de Strabon n'appartiennent ni aux laves, ni aux trapps, mais à un véritable granit dont les grains très-fins et très-atténués sont masqués par des molécules très-abondantes d'hornblende.

CHAPITRE V.

Les Trapps compactes homogènes, ainsi que les Trapps amygdaloïdes ont des caractères qui ne permettent pas de les confondre avec les Laves compactes basaltiques, ni avec les Laves amygdaloïdes.

D'après ce qui a été dit ci-dessus sur les caractères géologiques et chimiques des trapps, il semble qu'il seroit superflu d'entrer dans les questions relatives aux différences qui existent entre ceux-ci et les laves noires compactes d'apparence homogène, c'est-à-dire, les laves basaltiques; les géologues qui ont l'inappréciable avantage d'étudier la nature en place, savent mieux que tous autres qu'il est impossible de confondre et d'assimiler deux substances minérales si différentes par leurs gisemens et par tant d'autres caractères, car lorsqu'on entre dans des pays qui ont été la proie des feux sou-

terrains, tout y porte en grand l'empreinte
d'un pouvoir destructif, et présente les résultats variés d'une suite d'incendies qui se
sont succédés les uns les autres, et ont entièrement changé le site et l'aspect des lieux,
soit en dérangeant leur assiette, soit en al-
térant les matières soumises à leur action,
ou en projetant d'autres matières fondues
entièrement étrangères à la nature du sol, et
qui diffèrent de celles dont nous connoissons les gisemens; il n'en a pas été ainsi dans
les parties de la terre qui n'ont point été su-
jettes à de semblables vicissitudes, telles que
les grandes chaînes des Alpes et des Pyrénées,
où tout est intact, et où les substances minérales y sont en quelque sorte vierges et
n'ont éprouvé d'autres altérations que celles
qui dérivent du temps et de l'action des eaux
pluviales, des frimats et des météores atmosphériques, ou de ces déplacemens subits et
imprévus des eaux de la mer, seuls capables
de former ces profondes coupures qui tra-
versent de triples et de quadruples rangées
de montagnes; ce sont ces déplacemens qui
ont excavé les détroits, en transportant au

loin, sous forme de cailloux roulés, ou de poudingue, les immenses matériaux arrachés de leur sein par la violence et l'impétuosité des mers toutes les fois qu'elles changent subitement de place.

Si je n'avois écris que pour les géologues, je m'en serois certainement tenu à ce que je viens de dire; mais il y a encore quelques minéralogistes, en très-petit nombre à la vérité, qui confondent dans leurs cabinets les laves compactes basaltiques avec les trapps; il est donc nécessaire de leur faire voir qu'ils peuvent, même dans leurs cabinets, en faire la distinction. Breislak a dit, pag. 200 de son *Introduction* à la géologie : *Faujas a sagement reconnu pour laves des volcans, beaucoup de roches qui dans le système wernérien sont placées dans la classe des trapps.* Il me semble qu'il eût été plus exact de dire, que dans tous les temps j'ai séparé exclusivement les trapps des laves compactes, de quelque espèce qu'elles fussent, et que malgré que ces laves eussent l'apparence pierreuse, leur état particulier de vitrification, et leur analogie parfaite avec celles que l'on voit couler à l'Ethna, au Vésuve, au mont Hécla, à l'île de Bourbon, etc., m'ont empêché de donner à celles-ci le nom de *roches*, afin d'éviter toute équivoque à ce sujet, en ne leur laissant qu'un nom qui rappelât sans cesse les modifications que les feux souterrains leur ont fait éprouver.

Ce fut dans le même but d'utilité pour la science, que je fis mes efforts pour engager ceux à qui l'étude des produits volcaniques étoit familière, à ne pas confondre les laves avec les trapps qui sont entièrement étrangers au feu, et doivent être considérés comme dépendans de la formation des véritables *roches*. J'insistai fortement à ce sujet auprès de Dolomieu, qui ayant visité le pays de Kirn et d'Oberstein, mais n'ayant pas pu y mettre le temps nécessaire pour étudier à fond ce grand et magnifique gisement de roches trappéennes, s'y laissa prendre et se trompa, en le regardant comme un lieu qui avoit été la proie des feux souterrains (1).

____

(1) Je crains d'avoir commis moi-même une erreur semblable en Écosse, en visitant la montagne de

Dolomieu revint ensuite de son erreur, lorsque je lui fis voir en détail la collection nombreuse et variée que j'avois rapportée d'Oberstein, dans un séjour de deux semaines que je fis dans ce pays et dans les environs; mais la méprise de ce savant donna de l'avantage à quelques minéralogistes allemands qui attaquèrent son opinion, et soutinrent que rien n'étant volcanique à Kirn ni à Oberstein, il en résultoit que puisqu'un savant aussi exercé que Dolomieu s'y étoit trompé, il ne devoit point y avoir de règle certaine pour distinguer les produits volcaniques lorsqu'ils se présentoient sous forme pierreuse; et ils en tirèrent la conséquence erronée que ce qu'ils appellent le *basalte*, et qu'il est mieux de nommer *lave compacte basaltique*, n'étoit

---

Kinoull près de *Perth;* les volcans éteints n'en sont pas éloignés à la vérité; mais ayant revu avec plus de soin mes journaux, depuis la publication de mon Voyage en Angleterre et en Écosse, j'ai lieu de croire que cette montagne n'est qu'un grand gisement de trapps amygdaloïdes avec des globules d'agates, des globules calcaires, etc.

point un produit de volcan, et devoit être
assimilé avec les trapps.

Mais cette erreur peut être regardée comme
abandonnée, depuis que plusieurs savans
minéralogistes du nord qui l'avoient adoptée
ont visité l'Italie, la Sicile, l'Auvergne et le
Vivarais, et ceux qui peuvent y tenir encore
s'en détacheront avec la même candeur, s'ils
veulent faire les mêmes voyages; telle est,
au reste, la marche des connoissances hu-
maines, elles ne vont que progressivement.

Je me serois abstenu, je le répète, de tra-
cer ici quelques caractères distinctifs entre
les trapps et les laves compactes basaltiques,
si je n'avois écris que·pour les géologues, à
qui la connoissance des roches doit être si
familière, qu'ils pourront peut-être regarder
comme superflu tout ce que j'ai dit à ce sujet;
mais ce Mémoire pouvant tomber entre les
mains de quelques minéralogistes qui com-
mencent à se livrer à cette science, il m'a
semblé utile de les mettre à portée de médi-
ter sur quelques-uns de ces caractères : car
dussent-ils n'en tirer d'autre avantage que
celui de les exciter à aller étudier la nature

en place, et voir les grandes et importantes
différences de gisement des trapps et des
laves compactes, ce seroit toujours leur être
utile et les mettre sur la voie de reconnoître
les fausses données et les erreurs qui entourent la plupart des méthodes artificielles,
particulièrement celles qui, pour ne point
laisser de lacune, ont voulu soumettre à des
règles systématiques la partie si difficile de
l'histoire naturelle des roches.

De quelques caractères distinctifs entre les Trapps et les Laves compactes.

C'est afin d'éviter toute espèce d'équivoque
que je dois avertir qu'en mettant en parallèle
les trapps avec les laves compactes, je n'en-
tends faire mention que des laves noires,
dures, pesantes, d'un aspect pierreux, qui
n'ont éprouvé aucune altération, et ont une
sorte de ressemblance avec les trapps compactes homogènes.

Je n'avois pas cru devoir donner cette explication préliminaire, lorsque dans mes
Essais de Géologie, tome II, pag. 268,
je consacrai un paragraphe pour établir la

différence qui existe entre les trapps et les laves compactes basaltiques; j'étois trop persuadé que le lecteur comprendroit très-bien qu'il ne pouvoit être question ici que des laves rapprochées par leur apparence extérieure des trapps et nullement des laves altérées. Cependant lorsque j'ai dit dans le livre cité que les laves en question avoient une très-grande dureté et ne se laissoient point scier, à beaucoup près, aussi facilement que les trapps, puisque ceux-ci exigeoient un tiers de moins d'émeril et de temps que les laves compactes, Breislak s'est empressé d'objecter, *que la dureté est un caractère très-incertain si on ne le restreint dans des bornes qui en déterminent le degré* (1); c'est ce que j'ai fait en mettant en parallèle deux substances minérales qui ne devoient pas être altérées, sans quoi le parallèle n'eut point été en rapport. Cependant Breislak n'a pas manqué de dire qu'il y avoit des laves tendres, et a cité les *tuffas* volcaniques de

____

(1) *Introduction à la Géologie*, par Scipion Breislak, pag. 203.

Sorrente, le *piperno* des environs de Naples
que je connois très-bien et qu'il eut été ab-
surde de ma part de comparer aux trapps.

1ᵉʳ. *CARACTÈRE distinctif entre les Trapps et les Laves compactes ; la dureté.*

En attaquant avec une pointe d'acier bien
trempée les laves dont il s'agit, non-seulement
on ne les entame point, mais l'acier s'use et
laisse sa trace métallique sur la lave ; le trapp
au contraire se raie facilement sous cette pointe
et se réduit en poussière d'un blanc grisâtre.

2°. *CARACTÈRE ; différence de couleur dans le verre lorsqu'on fond l'une et l'autre substance.*

Le trapp est tout aussi fusible sans addition
que la lave compacte ; mais le verre provenu
du trapp est transparent, et légèrement verdâtre. Celui de la lave est d'un noir intense,
brillant, et ce n'est que sur les bords des
cassures les plus minces qu'il est translucide,
conservant néamoins une couleur enfumée.
Ce verre fait mouvoir le barreau aimanté ;

celui du trapp n'a aucune action sur lui. On peut faire du très-bon verre à bouteille avec le trapp ; il est impossible d'en obtenir pour le même usage avec de la lave compacte la plus pure, non que celle-ci ne soit fusible ainsi que le trapp, sans addition, au feu de verrerie, mais le verre des laves est trop opaque, trop roide, trop intraitable et ne se laisse pas souffler ; j'en parle en connoissance de cause pour avoir fait faire à la verrerie de Sèvres une suite d'expériences à ce sujet, en présence de chismistes et d'artistes très-instruits et sous la direction du chef de cette manufacture (1). Au surplus, ce caractère que j'ai

____

(1) Les bouteilles légères, agréables et solides, qu'on envoya sous le ministère de M. de Calonne, de Montpellier à Paris, comme faites avec du basalte pur, n'avoient été fabriquées qu'avec du verre commun un peu vert, dans la composition duquel on employoit un sable de rivière mêlé avec les fondans usités ; mais une inondation subite ayant fait verser un torrent dans le lit de la rivière, celui-ci entraîna un peu de sable volcanique enlevé des volcans éteints du voisinage ; on employa sans y faire attention ce mélange de bon et de mauvais sable ; il en résulta, à la grande surprise du fabriquant (M. Giral), des

tracé en faveur de ceux qui n'ont pas encore une grande habitude des minéraux, n'exige que le simple emploi d'un chalumeau sur un petit fragment de trapp et de lave pour être à portée de juger de la différence de couleur dans les verres et du temps employé pour les obtenir; ce n'est en quelque sorte qu'un caractère accessoire auquel je n'attache qu'un foible intérêt.

---

bouteilles noires, au lieu de celles qu'on obtenoit auparavant. Mais ce verre noir transparent n'étoit dans le fait que du verre commun souillé par une petite portion de sable volcanique noir. Lorsqu'on voulut ensuite employer à dessein une dose beaucoup plus forte de basalte dans l'intention de tirer parti des laves très-abondantes dans les environs, on gâta tout et l'on fut obligé d'y renoncer. Ces détails me furent adressés dans une lettre que m'écrivit à ce sujet le propriétaire de la verrerie d'*Eripian*, ce même M. *Giral*. Je publie ici cette note pour l'instruction de M. Breislak qui dans son *Introduction à la Géologie*, pag. 201, a dit que la différence de couleur dans deux matières également fusibles, telles que le trapp et le basalte, n'offroit qu'un caractère équivoque, et il donne en preuve les bouteilles dites de laves, des environs de Montpellier, qui étoient

3°. *CARACTÈRE.* *Le péridot granuleux*
n'a jamais été trouvé dans les Trapps,
tandis qu'il abonde dans presque toutes
les laves des volcans éteints et brûlans
de l'un et l'autre hémisphère.

J'ai de la peine à concevoir comment Breislak, qui connoît si bien les produits volcaniques, a cherché à atténuer ce caractère qui

---

transparentes quoique faites avec du basalte; il fait
plus encore, car il ajoute qu'on en fait de semblables
à Venise avec la lave des monts Euganéens; qu'il me
permette de lui dire qu'il a été induit en erreur sur ce
dernier fait, ainsi que sur le précédent; j'ai visité les
Monts Euganéens, j'ai vu les fabriques de Venise
avec soin, et je n'ai point appris qu'on y fît du verre
à bouteille avec des laves. M. Breislak ajoute encore,
pour atténuer le caractère de couleur que j'avois établi entre le verre de trapp et celui de la lave compacte
noire, que le trapp d'*intra* au bord du lac *Verbano*,
que je connois très-bien et dont j'ai de belles suites,
formoit du verre noir opaque semblable à celui des
laves, et il cite à ce sujet Ammoretti qui lui a fait
voir quelques petits meubles de ce verre noir, entre
autres un encrier; et moi aussi je citerai Ammoretti,
notre ami commun, de qui je tiens de jolis morceaux

n'est pas un des moins remarquables, en di-
sant en manière de généralité, *que les cristallisations renfermées dans les roches
volcaniques sont très-différentes dans les
diverses régions*, et il cite pour exemple à
ce sujet, *les amphigènes, qui sont si abondans au Vésuve, dans les laves de la
Rocca Monfina, des environs de Rome et
de Viterbe, et qui manquent tout-à-fait à
l'Ethna;* Introduction à la Géologie, par

---

de ce verre bien transparent, bien fin, de couleur
légèrement verte, dont on a fait des tabatières et
même des bagues, parce que ce verre a de jolies petites cristallisations en étoiles, qui le rendent très-
agréable à l'œil; il est certain qu'en fondant le trapp
pour le souffler en bouteille, si l'on n'a pas le soin
de saisir le point véritable de la bonne fusion, et
que l'on n'emploie pas le verre à temps, et il en est
ainsi de tous les verres, on court risque de le dé-
vitrifier. C'est ce qui n'arrive que trop souvent; j'invite, à ce sujet, Breislak de lire avec soin un excellent Mémoire sur la dévitrification du verre, publié
par M. Dartigues, qui joint à de grandes connoissances chimiques la pratique de l'art de la verrerie
qu'il a porté plus loin que tout autre, dans les belles
manufactures qu'il a fait établir.

Breislak, pag. 202. Cela est véritable quant
aux amphigènes ; mais les laves qui les renferment sont riches elles-mêmes en péridot,
et les péridots se trouvent généralement dans
presque toutes les laves dont la pâte a quelque rapprochement de grain et de couleur
avec les trapps. Cette observation avoit été
faite avant moi par Fortis, qui ayant constamment reconnu le péridot granuleux dans
presque toutes les laves des deux hémisphères,
avoit dit ingénieusement qu'il étoit à croire
qu'à une certaine profondeur de la terre il
existoit une roche renfermant le péridot granuleux, et formant une sorte d'enveloppe
autour du globe. Que lorsque les volcans at-
teignoient ou avoient atteint cette couche générale d'une roche dont il n'existe aucun analogue parmi celles que nous connoissons, il
en résultoit des laves avec des péridots que
·l'action volcanique arrachoit de cette profondeur, et portoit au grand jour. J'invite
de nouveau Breislak à ne pas perdre de vue
que lorsqu'on met en parallèle deux substances, elles doivent avoir des rapports apparens, sans quoi il seroit superflu de les com-

parer; ainsi, par exemple, les *laves feld-spathiques*, *les ponces*, *les laves décom-posées* ne sauroient être rapprochées des trapps, et celles-ci n'ont point de péridot, et n'en doivent point avoir puisqu'elles dé-rivent d'une roche connue qui n'en renferme jamais. Le lecteur voudra bien excuser les détails dans lesquels je viens d'entrer relati-vement à des faits qui n'ont qu'un rapport accessoire avec les trapps, pour ceux parti-culièrement qui connoissent bien ces derniers et leur différence avec les produits volcani-ques, et qui sont bien éloignés de les con-fondre; mais je devois à Breislak, dont l'opinion est pour moi d'un grand prix, les éclaircissemens que je viens de donner.

4ᵉ. *CARACTÈRE. Les Trapps n'agissent que par attraction sur l'aiguille aiman-tée; les Laves compactes sont douées du magnétisme polaire.*

Ce caractère n'a pas besoin d'explication; il suffit de dire qu'il faut, d'après les expé-riences de M. Haüy, faire usage *d'une aiguille d'une foible vertu.*

5°. *CARACTÈRE. Les Trapps laissent passer l'électricité, propriété que n'ont pas les Laves.*

Cette propriété physique tient à la fusion que les laves ont éprouvée, et qui les assimile à tous les corps vitrifiés, pourvu toutefois que ces laves compactes n'aient pas été décomposées par l'action des fumées acides sulfureuses des volcans, ou par toute autre cause qui altéreroit cette propriété.

Au surplus, ce caractère fut reconnu dans le temps et proposé par M. Pelletier, ainsi qu'on peut le voir dans ses Mémoires de chimie, qui ont fait beaucoup d'honneur à ses connoissances.

CLASSIFICATION DES TRAPPS.

PREMIÈRE DIVISION.

Des Trapps compactes homogènes.

Leurs couleurs.

1. Noire.
2. Très-noire.
3. D'un noir grisâtre.
4. D'un brun un peu jaunâtre.
5. Couleur de lie de vin foncée.
6. D'un vert clair.
7. Verdâtre.
8. D'un vert foncé.

Ces différentes couleurs sont dues aux divers degrés d'oxydation du fer, qui ont eu lieu dans ces circonstances sans altérer la dureté des trapps.

Dispositions et gisemens.

En couches plus ou moins fortes, dont quelques-unes ont plusieurs pieds d'épaisseur, tandis que d'autres n'ont que quelques pouces.

En stratifications qui se divisent spontanément, en cubes, en rhomboïdes, en parallélipipèdes, en prismes à trois, à quatre, rarement à cinq, jamais à six, ni à sept pans, sans régularité dans les angles, ne renfermant jamais de péridots granuleux.

Caractères physiques.

PESANTEUR : 2800 à 3000.

ÉLECTRICITÉ : laissant passer l'étincelle électrique.

MAGNÉTISME agissant par attraction, mais non par répulsion.

CASSURE : pierreuse, à grain fin, concoïde.

Beaucoup plus doux au toucher que la lave compacte basaltique non altérée.

Donnant une poussière d'un gris cendré tirant sur le blanc.

Fondant au chalumeau en verre transparent verdâtre, qui paroît noir lorsqu'il est très-épais.

(*Voyez pour les caractères chimiques les analyses publiées ci-dessus.*)

De quelques substances minérales qu'on trouve dans les Trapps compactes.

1. Pyrite martiale en très-petits cubes dans le trapp compacte noir d'*Ajou* et de *Renaison* dans l'ancien Forest, et dans celui du *Sichon* près de *Cusset.* Les pyrites en général ne sont pas communes dans les Trapps. Cabinet de M. Dedrée, ainsi que dans le mien.

2. Trapp noir à grain très-fin dans les fentes duquel on voit de petites lames brillantes d'*anthracite.* Ce morceau, qui vient de Bayreuth, est dans la belle collection de minéraux de M. de Lamétherie.

3. Trapp noir compacte avec du *bitume noir*, réuni

6

dans la partie concave d'une cassure du morceau. Ce bitume n'a qu'une très-foible odeur, et brûle très-bien ; je crois qu'il vient aussi de Bayreuth. Il est de ma collection.

4. Trapp compacte du plus beau noir, homogène et pur sur une de ses faces ; ayant sur l'autre des cristaux blancs bien prononcés de feld-spath noyés dans la pâte du trapp. C'est ici le passage du trapp au porphyre ; de *Renaison* dans le Forest, de ma collection. Je possède un morceau analogue venu du pays Hesse-d'Armstadt ; le trapp y est pur d'un côté, de l'autre le feld - spath blanc tranche sur le fond ; mais il est moins régulier dans ses formes.

SECONDE DIVISION.

Des Trapps amygdaloïdes.

Les trapps amygdaloïdes alternent dans plusieurs circonstances avec les trapps homogènes compactes.

La pâte des amygdaloïdes est de la même nature que celle des trapps ; elle est quelquefois noire ou d'un brun foncé comme celle de ces derniers.

Souvent aussi les divers degrés d'oxydation du fer qui entre comme un des principes constitutifs dans la formation des roches trappéennes, donnent lieu à des changemens de couleurs qui font passer la pâte des amygdaloïdes, du noir au brun, au gris de fer, au gris cendré, au gris jaunâtre, au vert pâle, au vert plus ou moins foncé. Il est à propos d'observer, dans ces circonstances, que l'addition de l'oxygène au fer donnant plus de volume et d'extension aux molécules de ce métal, produit une sorte de dilatation et de gonflement sur les autres molécules environnantes avec lesquelles il est en contact, ou peut-être en combinaison; il résulte donc de cet ébranlement général dans toutes les molécules du composé, une modification ou une rupture dans la force de cohésion, qui change jusqu'à un certain point la contexture et le grain de la pierre; c'est ce qui a jeté dans l'erreur plusieurs minéralogistes, qui n'observant que des échantillons isolés, et n'ayant pas été à même de suivre sur la nature ces transitions graduelles qui sont si remarquables et si frappantes, se sont efforcés de créer des genres et des espèces, et ont péniblement fabriqué des noms, pour ne faire connoître

et ne désigner en réalité que de simples modifications. L'analyse de la pâte des amygdaloïdes donne les mêmes résultats que la pâte
des trapps compactes homogènes, ainsi que le
prouve le tableau analytique comparatif publié ci-dessus.

Des substances minérales diverses renfer-mées dans les Trapps amygdaloïdes.

1. Du spath calcaire pur.
2. Le même dont les globules sont enveloppés quelquefois d'une légère couche d'agate.
3. Le même dont les globules sont entourés d'une
enveloppe mince de terre verte analogue à celle dite
de Vérone.
4. Du quartz cristallisé limpide, formé en géode.
5. Le même coloré en violet par le manganèse
(fausse améthyste).
6. Avec des globules de calcédoine.
7. Avec des agates de diverses couleurs et de différentes grandeurs.
8. Avec du jaspe opaque d'un beau rouge.
9. Avec du jaspe vert, et du jaspe verdâtre.
10. Avec de l'harmotome cristallisée.
11. Avec de la chabasie cristallisée.
12. Avec de la baryte sulfatée.
13. Avec des globules de fer oxydé en brun.
14. Avec du cuivre carbonaté bleu.
15. Avec du cuivre carbonaté vert.

16. Avec du manganèse oxydé dans le quartz agate.

17. Avec du bitume noir dans l'intérieur d'une géode à croûte d'agate, dans un trapp amygdaloïde, d'un gris blanchâtre, analogue à une des variétés qu'on trouve sur la montagne du Galgenberg, à une lieue et demié d'Oberstein. Mais celui-ci se trouve sur la rive droite de la *Chilka*, l'une des branches du fleuve Amour, latit. 53°, longit. 137. Ce bel échantillon a été choisi sur les lieux par mon estimable et savant ami M. Patrin, qui a bien voulu me le donner accompagné de la note suivante : « Cette » roche contient une multitude de géodes, depuis le » plus petit volume jusqu'à cinq à six pouces de » diamètre; quelquefois tout l'intérieur est exacte- » ment rempli de spath calcaire qui se délite en » rhomboïdes réguliers, ou qui est si confusément » cristallisé qu'il ressemble à un marbre salin. » Quand il y a des vides dans la géode ils sont pres- » que toujours occupés par de la poix minérale qui » ne se manifeste nulle part dans la roche, ni à » l'extérieur des géodes. »

Je dois ajouter à cette note très-instructive, que ce bitume qui se ramollit par la chaleur des doigts lorsqu'on le manie un peu de temps, a une odeur si foible qu'elle est à peine sensible; mais il brûle avec une flamme très-vive et très-brillante.

Nous avons vu un bitume semblable dans un trapp compacte, le voilà dans un trapp amygdaloïde. Des rapprochemens semblables sont précieux en géologie.

RÉSUMÉ GÉNÉRAL.

1°. Les pierres noires, dures, inattaquables aux acides, susceptibles d'être polies, connues sous le nom de *basalte égyptien antique*, ne sont que des granits à très-petits grains, masqués par de l'hornblende noire pulvérulente, qui est quelquefois disposée en très-petites lames.

Cette roche est étrangère aux trapps.

2°. Les pierres noires, dures, à pâte fine, inattaquables aux acides, désignées sous la dénomination de *grunsteins-compactes*, de *trapps primitifs*, ne sont la plupart que des roches composées de beaucoup de terre quartzeuse, de fer, d'hornblende pulvérulente, et de très-petits points pyriteux qu'on ne peut distinguer qu'avec de fortes loupes.

Ce genre de roche est aussi étranger aux trapps que le précédent.

3°. Les roches trappéennes forment un groupe particulier et distinct qui se rattache par nuance et par gradation au groupe des porphyres proprement dits , avec lesquels néanmoins il ne faut pas les confondre ; on ne doit pas non plus les assimiler aux roches feld-spathiques proprement dites, c'est-à-dire aux feld-spath compactes, parce que ceux-ci offrent des différences dans leurs caractères et dans leurs gisemens et ne forment que de petits groupes subordonnés , tandis que les trapps en forment de très-distincts.

APPENDIX.

En faisant mention des rapprochemens qui existent entre les roches de trapps et les roches porphyritiques, j'ai dit à ce sujet, pag. 17, que pour démontrer cette analogie, sur les trapps noirs les plus homogènes en apparence, j'employois un moyen très-simple que je ferois connoître. Voici ce procédé.

On fait couper et polir sur une de ses faces l'échantillon de trapp qu'on veut mettre en expérience ; on mêle deux parties d'eau distillée ou d'eau de fontaine avec une partie d'acide sulfurique ; trois lignes environ d'épaisseur de cette eau acidulée étant versée dans une capsule de verre ou de porcelaine, dont le fond est horisontal, on y place l'échantillon de trapp, en le disposant de manière que la face polie soit plongée dans la liqueur, où elle doit rester ainsi pendant trois à quatre jours; on le retire ensuite, et après l'avoir lavé et brossé dans de l'eau pure, on le laisse exposé à l'air jusqu'à ce qu'il soit bien sec; l'on voit alors paroître de petits cristaux presque microscopiques de feldspath blanc, que l'acide a mis à découvert; c'est particulièrement sur les trapps de *Kirn*, et sur ceux d'*intra*, et de *Drouvaire* dans les Alpes du Champsaur, que l'on distingue plus particulièrement ces cristaux de feldspath, mis à découvert par l'action de l'acide sulfurique affoibli d'eau.

Nota. Dans les deux coupes des trapps du Derbyshire, figurées dans la planche qui accompagne ce Mémoire, les affaissemens accidentels qui ont fait incliner les couches, et ont occasionné deux grandes disruptions, servent de lit à la rivière de *Derwent* et sont probablement l'ouvrage des infiltrations et de la chute des eaux.

TABLE DES MATIÈRES.

F.

G.

H.

I.

K.

L.

S.

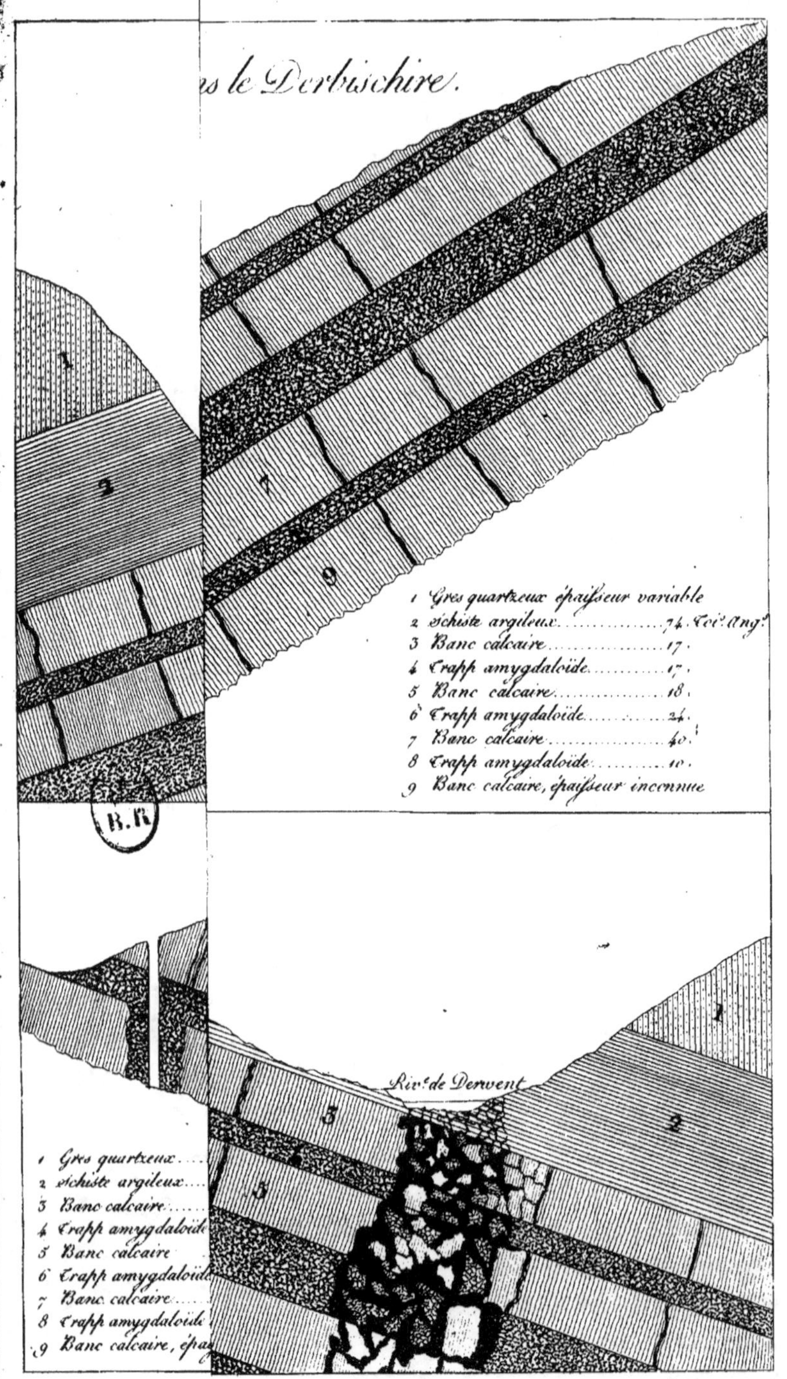
ns le Derbischire.
1 Gres quartzeux épaisseur variable
2 schiste argileux .... 14 Toi. Ang.
3 Banc calcaire .... 17.
4 Trapp amygdaloïde .... 17.
5 Banc calcaire .... 18.
6 Trapp amygdaloïde .... 24.
7 Banc calcaire .... 40.
8 Trapp amygdaloïde .... 10.
9 Banc calcaire, épaisseur inconnue
Rivre de Derwent
1 Gres quartzeux ......
2 schiste argileux ......
3 Banc calcaire ......
4 Trapp amygdaloïde
5 Banc calcaire
6 Trapp amygdaloïde
7 Banc calcaire ......
8 Trapp amygdaloïde
9 Banc calcaire, épa
or. dans le Derbischire.

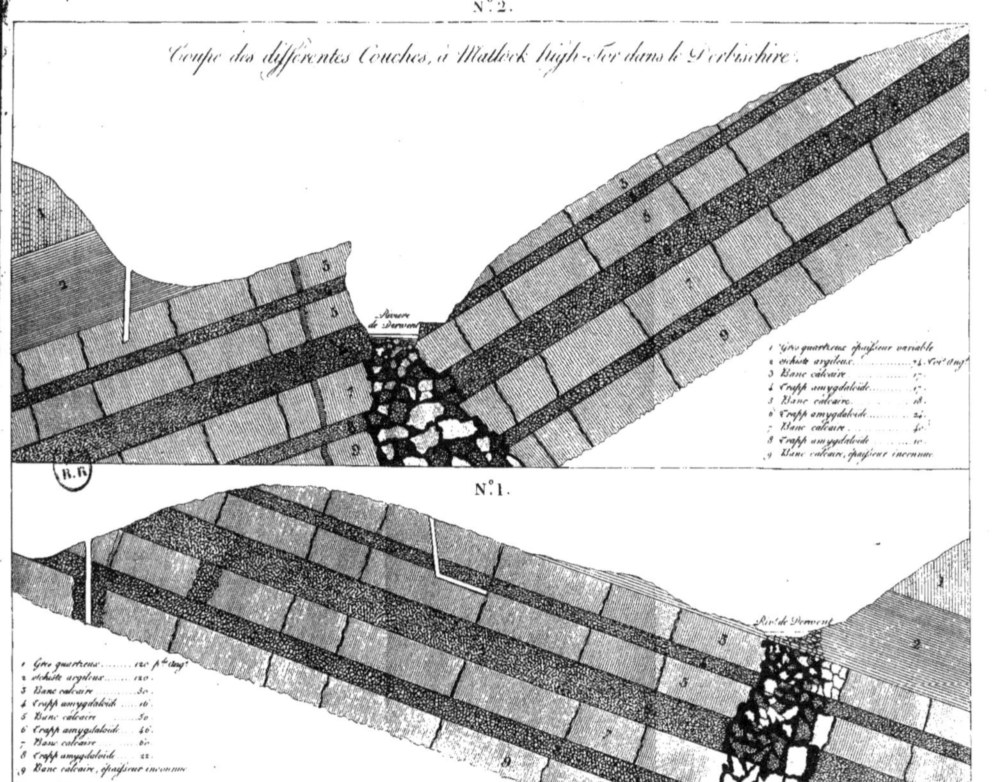

N.º 1.

Coupe des différentes Couches, à Grange Mill et à Darby Moor, dans le Derbischire.